Wondere wereld. Alles over seizoenen written and illustrated by Mack van Gageldonk

Original title: *Wondere wereld. Alles over seizoenen*

First published in Belgium and the Netherlands in 2015 by Clavis Uitgeverij, Hasselt - Amsterdam - New York

Text and illustrations copyright © 2015 Clavis Uitgeverij, Hasselt - Amsterdam - New York

本书中文简体版经比利时克莱维斯出版社授权，由中国大百科全书出版社出版。

图书在版编目（CIP）数据

缤纷四季／（荷）马克·范·加盖尔东克著；张木天译 . —北京：中国大百科全书出版社，
2018.1
（涂鸦地球）
ISBN 978-7-5202-0226-8

Ⅰ . ①缤… Ⅱ . ①马… ②张… Ⅲ . ①季节—儿童读物 Ⅳ . ① P193-49

中国版本图书馆 CIP 数据核字（2018）第 006403 号
图字：01-2017-9083 号

责任编辑：杨淑霞 王文立
责任印制：邹景峰
出版发行：中国大百科全书出版社
地　　址：北京阜成门北大街 17 号
邮　　编：100037
网　　址：http：//www.ecph.com.cn
电　　话：010-88390718
印　　刷：北京市十月印刷有限公司
印　　数：1～8000 册
印　　张：6
开　　本：889mm×1194mm　1/12
版　　次：2018 年 1 月第 1 版
印　　次：2018 年 1 月第 1 次印刷
书　　号：ISBN 978-7-5202-0226-8
定　　价：46.00 元

涂鸦地球

缤纷四季

[荷]马克·范·加盖尔东克/著

张木天/译

中国大百科全书出版社

秋

雷雨云

秋天到了，天气变得越来越凉爽。太阳躲在乌云后面，不时露个脸。"呜——""呼——"秋天总是在刮风，还有雷雨云聚集。有时雨过天晴，你会看到一道美丽的彩虹。

暴风雨就要来了，树木随着风前后摇摆。落叶漫天飞舞，有时连雨伞也会被刮到空中。小狗在这样的天气里行走困难："汪！汪！我怎么走不动呀！"

哪些动物喜欢刮风天，哪些不喜欢呢？

魔毯

秋天的树叶有着美丽的颜色。树好像被施了魔法,从绿色变成了耀眼的黄色、鲜艳的红色和明亮的橘色。看上去是不是漂亮极了?刚入秋的时候,叶子还都挂在树枝上,可它们坚持不了太久,一阵微风就可以把它们从树上吹下来。落叶就这样随风飞舞在空中,而后又轻轻地飘落到地上。秋日的大地仿佛铺上了一块橘黄色的魔毯。

有些树的叶子即使到了秋天也依然绿绿的。它们的树枝上长的是细长的针叶。看看圣诞树是什么样子的,你就明白啦!

哪些是秋天的叶子呢?

黄 金 卷 轴

秋天的麦田真是美。小麦从一颗小小的种子慢慢长大、长高，结出麦穗，等到夏末秋初的时候就能收割了。麦子可以用来制作面包和啤酒。麦秆则被放在一起，捆成一卷一卷的。秋天的麦田里，成捆的麦秆随处可见。你看，在秋日阳光的照耀下，它们就像是黄金做成的卷轴！

乌鸦很喜欢麦子，总想偷吃几口。农民伯伯可不乐意！他做了个稻草人想把乌鸦吓跑。不过，并不是所有乌鸦都害怕稻草人……

哪辆拖拉机装的麦秆多？

橙巨人

南瓜不是树上结出来的，它是一种长在地面上的果实。这不难理解，因为南瓜一般都长得很大，有的比人的脑袋还要大。如果南瓜长在树上的话，它那又大又沉的身体会把树枝压弯甚至压折。人们在秋天采摘成熟的南瓜，将这些橙色的"巨人"做成美味的南瓜汤或者南瓜派。

南瓜形状多样，颜色各异，有大有小。人们会在万圣节的时候把大大的橙色南瓜做成"杰克南瓜灯"。好吓人呀！

哪个南瓜长得和梨有点儿像？

小虫子

蜘蛛很喜欢秋天。它们在这个季节能织出最漂亮的网。雨后的蜘蛛网挂满了小水珠,这让你能更清楚地看到它。是不是很美呢?蜘蛛特别爱吃虫子。它们用自己织的网捕食苍蝇、蚊子等各种小虫子。

秋天，你会看到各种各样的小虫子在地上爬来爬去。蜗牛、甲虫、蠕虫都在四处觅食。瓢虫也会在这个时候努力填饱肚子。因为一旦冬天来临，这里就没什么东西可吃了。

哪两只蜗牛长得最像？

果 树

苹果是结在树上的一种水果，就像樱桃和梨那样。春天，一朵朵美丽的苹果花绽放在绿绿的叶子中间。到了夏天，这些花就会变成鲜嫩多汁的小苹果。刚结出的苹果小小的，青青的，但它们会随着时间的推移越长越大。等到秋天，苹果就成熟了，到了采摘的时候啦！我们终于可以吃到香甜美味的苹果了。亲爱的果树，谢谢你们！

很多动物也非常喜欢酸甜多汁的苹果。叮惜苹果长在高高的树上，有时候它们想吃却够不着。看，这只山羊终于够到了一个苹果。小羊小羊，快快享用美味的果子吧！

哪些是苹果树，哪些是梨树呢？

收藏家

松鼠从一棵树蹦到另一棵树，四处寻找着食物。它们找到坚果后会怎么做呢？有时候会当场吃掉，但更多的时候它们选择把刚刚找到的坚果偷偷埋起来。什么？埋起来？是的，你没听错，因为食物极度匮乏的冬天就要来了。不过松鼠并不担心，到时候它们只要把秋天藏好的食物挖出来，就能开心地饱餐一顿了！松鼠可真是聪明的"收藏家"。

秋天，树上的叶子差不多都掉光了，松鼠无处藏身。这时你就能清楚地看到松鼠爬树的场景。瞧，这只小松鼠正从一棵树跳到另一棵树呢。

松鼠的食物藏在了哪棵树下？是左边、中间还是右边的树？

候 鸟

候鸟一般在秋末开始迁徙。天鹅、鹤以及许多其他鸟类会飞到温暖的南方过冬。如果你仔细观察，会发现这些鸟儿在飞行时排成了"人"字形，有一只鸟飞在最前面，其他鸟则在它身后向两个方向散开飞行。这样的队形飞起来最省力，这些候鸟可真是聪明极了。

很多鸟觉得秋天天气开始变冷，所以选择飞到更温暖的国度。不过还好，并不是所有的鸟都会飞走，一些热爱秋天的鸟依然会选择留下来。

鸟需要在冬天来临前吃很多东西。哪只鸟的食物最多呢？

冬

暴风雪

冬天到了。外面可真冷啊！太阳总是躲在灰蒙蒙的浓云后面，很少探出头来。天上时不时还会飘下一片片柔软洁白的雪花。冬天是一个经常刮风的季节，大风呼呼地吹着，卷起雪花漫天飞舞。一场凶猛的暴风雪之后，到处都是白茫茫的一片。

在雪地里玩耍真是件有意思的事。你可以堆一个可爱的雪人：你好呀，小雪人！小动物也喜欢下雪天，它们经常在雪堆里玩捉迷藏。你看到藏在雪地里的那只小兔子了吗？

哪两个雪人几乎一模一样呢？

糖 霜 树

树在冬天里完全变了个样子。叶子一片不剩地从枝头飘落，每棵树都光秃秃的。这让它们看起来失魂落魄，没有了往日的风姿。然而当天气极度寒冷的时候，这些枯树就又有了变美的机会。此时的树和草全都挂满了霜，一切都变得白茫茫、亮晶晶的。远远望去，这些树就像洒满了糖霜。

冬天的太阳没有那么温暖：它总是藏在云层后面，或者低低地悬挂在地平线附近的树丛背后。积雪在这时也就不那么容易化啦！

哪棵是冬天的树？

常 青 树

针叶树浑身带刺。它们的树枝上长的不是宽宽的普通叶子，而是细细的针叶。要当心，针叶可是非常尖的，不小心被扎到的人总会禁不住大喊一声"哎哟"！这些尖尖的针叶喜欢刮风天和大冷天。它们能紧紧抓住树枝，不会像其他叶子那样落下来。所以针叶树在冬天也依然绿绿的。它们是真正的常青树。

圣诞树就是用针叶树做的，所以即使在冬天也依然保持着绿绿的颜色。不过，圣诞树可不只有绿色哟，它还有彩色的丝带和五颜六色的挂饰。人们常常还会在树顶点缀一颗闪亮的星星。

哪棵圣诞树上的灯饰最多？

冰雪宫殿

水会在气温很低时结冰。所以细细的水流遇到寒冷的空气就冻成了硬邦邦的冰柱——看着多像美味的冰棒呀！遗憾的是，它们可没有真正的冰棒那么好吃。不过，冰柱看起来还是很漂亮的，并且越冻越结实，有时候还能冻出一座晶莹剔透的冰雪宫殿。

冰雕艺术家可以把冰块雕刻成美丽的艺术品。快看，这座冰雪城堡多么宏伟呀！不过，天气一热，这座城堡就会融化成一摊水。

冰块后面藏了多少只兔子？

卷心菜在冬天里长势喜人。它们越长越大，已经到了可以采摘的时候啦！大部分蔬菜，比如西红柿、生菜、黄瓜，都不喜欢寒冷的气候，但是卷心菜却非常适应冷天！外面寒冷刺骨的时候，就是卷心菜最好吃的时候。它们是真正的"速冻蔬菜"。

卷心菜能禁受住寒冷的考验，但浆果和其他绝大多数水果却必须要在冬天来临前就赶紧摘完。如果你速度太慢，这些水果就会自己掉落在地上，慢慢腐烂变质。

冬天的胡萝卜个头比一般胡萝卜要大。你觉得哪些是冬天长的胡萝卜？

马儿为了抵御冬天的寒冷,身上会长出一层厚厚的绒毛,就像我们穿上冬装一样。这样一来,冬天对它们来说就不那么难熬啦!即使外面寒风刺骨,大雪纷飞,马儿也能穿着它们的冬装开开心心、暖暖和和地过冬。

绵羊也会在冬天来临时穿上一身厚厚的"羊绒衫"。它们喜欢围成一圈相互取暖。

天气特别冷时，人们会给马盖上毯子。哪匹马的毯子最长呢？

哆哆嗦嗦的小可怜

知更鸟在冬天找不到什么能吃的东西。和大多数鸟一样，知更鸟喜欢吃苍蝇一类的昆虫，可冬天实在太冷了，根本就找不到苍蝇。鸟儿总是吃不饱，忍饥挨饿，很容易受凉。刮风下雪的大冷天对它们来说是一段难熬的时光。你常常能看到知更鸟站在枝头瑟瑟发抖。真是些哆哆嗦嗦的小可怜呀！

冬天帮帮这些鸟儿其实是件很容易的事。它们最需要的就是食物。如果你在鸟食器里放一些它们最爱的种子和坚果，你家的院子就会成为鸟儿最常光顾的地方。

有多少只鸟找到了食物？

熊被严寒折腾得筋疲力尽。它们要在冬天到来之前，吃下足够多的食物作为冬眠的储备粮。随后还要去找一个温暖的洞穴，或者就地挖一个大坑。当外面冷得不得了的时候，它们就躲进这个新家呼呼大睡。直到天气再次转暖，它们才会悠悠然醒过来。这一觉可真长啊！熊绝对是名副其实的冬眠爱好者。

喜欢在冬天睡大觉的不只是熊，很多动物都会冬眠。一天两天对它们来说可不够，整个冬天它们都会大睡特睡，直到天气暖和起来。睡个好觉哟！

蝙蝠也有冬眠的习性。不过这里还有几只没睡的，是哪几只呢？

春

阳 光

春天来啦! 寒冷的冬天终于过去, 天气渐渐暖和起来。太阳闪耀着灿烂的光芒, 草地又披上了嫩绿的外衣, 天空的颜色也从灰蒙蒙变成了蓝莹莹。春天, 整个世界就像在举办一场盛大的宴会: 五彩缤纷的花朵在大地上竞相绽放, 树木长出了新鲜的嫩叶, 到处是刚出生的动物宝宝! 万事万物都尽情享受着春天那一缕温暖可爱的阳光。

草地上开满了美丽的花朵。瞧，小兔子发现了一朵蒲公英。据说用力吹散蒲公英的同时，可以许下　个愿望。这只小兔子许的愿望会是什么呢？没准儿是想要一个胡萝卜？

春天，很多动物都会生下小宝宝。这里都有哪些动物宝宝呢？

开花的树

春天的树木各有各的美。有的开满了白色的花，有的开满了粉色的花。树木的枝杈被小小的花朵装点得十分秀丽。过不了多久，这些花会坠落在地上，取而代之的是美味诱人的果实——红彤彤的苹果，或是香甜多汁的梨子。这些开花的树多么美丽！

蜜蜂一整天都忙着从一朵花飞到另一朵花。"嗡嗡嗡""嗡嗡嗡"……只有经过授粉的花才能结出果实。如果没有蜜蜂的辛勤劳动，也就不会有美味的果子。真是太感谢你们啦，小蜜蜂！

哪种水果是开粉花的树上结的？哪种是开白花的树上结的？

鲜嫩的叶子

森林在一年四季中变换着不同的颜色。夏天，树叶绿油油的；到了秋天，树叶成了棕色、橙色或红色；而在冬天，叶子落了，树变得光秃秃的。冬天的森林看起来真有点儿可怜呢。所以，大家总会为春天的回归而欢呼雀跃，森林在这时重获新生，再次焕发出生命的光彩。嫩绿的小苗破土而出，树木也再一次长出了鲜嫩的叶子。

你知道植物是怎样生长的吗？它们一开始都只是埋在地下的小小的种子。种子慢慢生根、发芽，再一点点长成露出地面的绿色植物。"唔，看起来很好吃呀！"小马心想。

春天，新长出来的树叶是嫩绿色的。哪些是春天的叶子呢？

抽动鼻子的小家伙

兔子会在春天生下许多兔宝宝。如果你仔细观察，就会发现田地里有很多活蹦乱跳的小兔子。兔宝宝出生在洞里，外面阳光很好的时候，它们就钻出来活动活动。不过这得有一颗勇敢的心才行！有时候这些小家伙会对外面的世界感到害怕，兔妈妈就想尽办法鼓励它们。不一会儿，它们全都出来啦！这些不停抽动鼻子的小家伙真是太可爱了！

兔子走起路来蹦蹦跳跳的。蹦蹦蹦,跳跳跳。它们穿过草地来到一朵花前,停下脚步闻了闻:"哇,这朵花好香呀!"

哪只动物是住在地底下的?

豌豆是长在豆荚里的。长长的绿豆荚包裹着绿色的豌豆，挂在植物的藤蔓上。一开始，你很难注意到里面有豌豆，因为它们扁扁小小的，悄悄藏在豆荚里。当长大成熟之后，胖乎乎、圆滚滚的豌豆会把豆荚撑开，一个接一个地掉出来。终于可以吃啦！豌豆的味道好极了，真是种美味的蔬菜呢。

一枚豌豆荚里能长好几颗豌豆。一般来说有五六颗，有些甚至能长八颗。当你掰开它们的时候，豌豆就会从豆荚中滚落到碗里。真是太省事啦！

哪只勺子里的豌豆最多？

黄澄澄的小绒球

小鸭子在天气转暖、阳光普照的时候破壳而出。刚出生的鸭宝宝喜欢紧靠着挤在一起，往前走时则排着队走直线。前面一只抬起脚走一步，后面的就立马跟着走一步，就这样一个接一个地、摇摇摆摆地走过了绿草地。小鸭子也喜欢成群结队地游泳。这些黄澄澄的小绒球真是太可爱啦！

鸭宝宝一走进池塘就能自然地游起泳来。刚开始，鸭妈妈会不时地回头看上几眼，确保每一只鸭宝宝的安全。看，有一只小鸭子还没准备好下水呢。它试着把脚伸进水里："哇，感觉湿漉漉的！"

哪只小鸭子还得好好练习一下怎么走路呢？

回家的候鸟

天鹅既会游泳，又能飞行。它们组成小小的队伍，开始了一段漫长的旅程。在寒冬来临之前，它们齐齐飞上天空，飞越森林、高山和大海，直奔阳光明媚的南方。冬去春来的时候，它们又穿过森林、高山和大海，回到阔别已久的家园。春天里，这些天鹅是一群回家的候鸟。

鸟儿们在明媚的春日里欢呼雀跃，它们能一连几个小时叽叽喳喳叫个不停，仿佛在歌唱春天的回归。它们在寻觅一起筑巢和生活的伴侣时，也会这样不知疲倦地歌唱："啾啾！啾啾啾！"

猜一猜哪窝小鸟是这只鸟妈妈的孩子？

卷花儿头

羊羔通常出生在春天，这时候天气宜人，牧草鲜嫩。羊羔最喜欢吃草啦，只有吃得饱饱的，才能快快地长大。吃饱了，这些小家伙会在草地上蹦蹦跳跳，追逐打闹。它们浑身长满了柔软的羊毛，大大的耳朵、软软的鼻子和摇摇晃晃的小腿看起来真是可爱极了！羊羔是真正的卷花儿头呢。

羊羔刚出生时要吃妈妈的奶水。长一
段时间之后，它们才开始吃草。天气
变热，人们会给羊羔剪毛。它们被剃
秃了的样子看起来真滑稽。

哪只羊身上的颜色不太对劲儿呢？

夏

橘色的天空

夏天来啦! 天气可真热啊! 几乎天天都是烈日炎炎的。整个白天太阳都高高地挂在天上,直到傍晚才落山。当天色一点点暗下来的时候,周围的一切都在变幻着颜色。看,天空渐渐从淡蓝色变成了橘红色。夏日的橘色天空是不是很漂亮呀?

看，这只小狗正在沙滩上开心地挖洞呢。海鸥也非常喜欢在沙滩上休息和玩耍。如果天气实在太热，聪明的它们也会找个地方避一避暑。你瞧，有只海鸥正躲在伞下乘凉呢。

都有哪些动物在海里游泳？

向日葵

有一种植物，它的花看起来有点儿像太阳。它只在夏天生长，长长的茎秆比四五个小孩叠罗汉站在一起都高！在这修长的茎秆顶端，有一朵明艳的黄色花朵正朝着太阳的方向绽放。你猜到这种植物叫什么名字了吗？没错，我们说的就是——向日葵。

人人都爱向日葵！许多画家都曾画过这种美丽的黄色花朵。鸟儿也很喜欢它，因为它们喜欢吃向日葵的籽！

有一朵向日葵看起来垂头丧气的，是哪一朵呢？

小 红 球

番茄苗喜欢温暖、热烈的阳光。所以，它们在夏天能快速地生长，没过多久就结满了小番茄！有些番茄是一个一个单独生长的，有些则会一串一串长在一起。有时候你会看到一株苗上长了四五个红彤彤的番茄。这些多汁的红色小球又美味又健康。"哇！真是太好吃了！"

刚长出来的番茄是青绿色的，慢慢地，它们会长大、变色，最后从橘黄色变成红色。当番茄变得红彤彤的时候就可以摘下来吃啦。真是香甜又多汁呢！

你看到了哪些蔬菜？

夏日水果之王

草莓生长在一种有着细细短柄的矮小植物上。夏天，草莓的果实越长越大。看！沉甸甸的果实把短柄都压弯了。柄上不仅长着许多诱人的草莓，还开着漂亮的小白花。你看到这些草莓身上小小的黄色种子了吗？正是因为有这些种子，明年夏天才会有新的草莓长出来。美味的草莓绝对是当之无愧的"夏日水果之王"。

你可以把草莓洗干净直接吃掉，也可以将它们和樱桃、树莓、蓝莓一起放在蛋糕上作装饰，最后在上面淋一层鲜奶油，一道美味的夏日甜点就大功告成了。"哇！真是太好吃啦！"

哪颗草莓的种子最多？

紫色的花海

夏天，到处开满了鲜花。道路旁、田野上、花园里，花儿们争奇斗艳，绽放出最美的颜色——红色、白色、黄色，还有紫色。这些紫色的花名叫薰衣草。唔，薰衣草的味道可真好闻呀！正因为如此，人们常用它制作香皂和精油。薰衣草盛开的地方就像一片美丽的紫色花海。

和薰衣草一样，虞美人也是一种夏天才开放的花。一开始，它的长茎上会长出一颗绿色的花苞。天气热起来以后，花苞里就会开出一朵艳丽的花。蝴蝶和蜜蜂都很喜欢在鲜艳美丽的虞美人花丛中飞舞。

虞美人种类繁多。它的花都有哪些颜色呢？

春天的农场里有许多动物宝宝降生。夏天，这些小宝宝已经长成会走路的幼崽啦！它们可以靠自己的力量站立和行走，而且每天都在学习新的技能。比如这只小猪，它刚刚学会了如何自己找吃的。这些可爱的动物幼崽每天都得学点儿新东西才行。

夏天，农场里可真热闹！到处都是羊羔、牛犊、鸡雏和猪崽活蹦乱跳的身影。这只马驹四肢纤细，还不能自己站起来。"加油，站起来哟！"它的妈妈温柔地鼓励道，"你一定能行！"

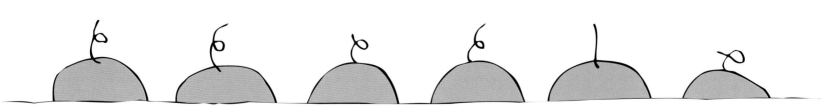

哪只小猪没有卷卷的尾巴呢？

多数螃蟹住在海里。夏天的时候，它们常常会出现在沙滩上。你看，螃蟹是横着走路的。看起来是不是有点儿傻？你能像它们一样横着走吗？可以试一下哟，其实还是很有难度的！螃蟹很擅长横着走，有时候它们还能在沙地上横着跑呢。和海星、海胆一样，螃蟹也是沙滩上的常客。

你能在沙滩上看到许多有趣的动物，比如贝、蚌、海星、水母，等等。运气好的话你还能看到小海豹呢。海豹通常在沙滩上最安静的地方出生。

海星有五个或五个以上的腕足。这些都是海星吗？

大 懒 虫

熊过着优哉游哉的生活。它们一整个冬天都在睡眠中度过。如果你以为它们已经睡了这么久，在夏天到来时会活跃起来，那你可就大错特错了。当太阳的第一缕光芒斜斜地照过来，这些家伙就喘着粗气，慢悠悠地一步一步走进水里。对它们来说，夏天就该是在河里泡澡、晒太阳的悠闲时光。熊可真是名副其实的大懒虫呀！

熊随时随地都能睡上一觉。它们不需要舒适的人床，随便找一片草地，"扑通"一声躺下，倒头就睡。快看，这只靠在树桩上的熊已经困得快睁不开眼了。熊先生，祝你做个好梦哟！

熊是游泳健将。哪只熊抓到了一条鱼？